SOCIÉTÉ D'AGRICULTURE, SCIENCES ET ARTS
DE L'ARRONDISSEMENT DE VALENCIENNES.

QUESTION DES SUCRES.

Première lettre à Messieurs les Membres
de l'Assemblée nationale législative.

AGRICULTURE.

VALENCIENNES.
IMPRIMERIE ET LITHOGRAPHIE DE B. HENRY.
1850.

Société d'Agriculture, Sciences et Arts

DE L'ARRONDISSEMENT DE VALENCIENNES.

A Messieurs les Membres de l'Assemblée nationale législative.

Messieurs,

La Société d'agriculture de l'arrondissement de Valenciennes n'est, dans aucun tems, demeurée tranquille spectatrice des débats qui ont surgi relativement à la question des sucres. Mieux placés que qui que ce soit pour apprécier les bienfaits de l'industrie sucrière indigène, pour constater les incroyables progrès que cette industrie a fait faire à l'agriculture, il était de notre devoir d'intervenir chaque fois qu'il y avait péril pour elle, chaque fois qu'à son endroit, la chose jugée était remise en question. Aujourd'hui, les attaques incessantes des adversaires systématiques de la plus éminemment agricole de nos industries, l'accueil favorable que ces attaques ont rencontré au sein des corps chargés de donner leur avis sur la loi qui vous est soumise, nous font plus que jamais un devoir de protester avec énergie contre les erreurs sur lesquelles repose tout le système de nos adversaires, et d'essayer de faire arriver jusqu'à vous la vérité.

La question des sucres a été envisagée sous toutes les faces; il n'est point d'intérêt qui n'ait, à son occasion, réclamé dans un sens ou dans un autre, se prétendant, à tort ou à raison, compromis ou protégé suivant la solution à obtenir du législateur. On a

1850

tout soutenu et tout nié; et, à l'heure qu'il est, les faits son
encore pour vous à l'état de doute et de question.

Parmi tous ces intérêts appelés à votre barre, il en est un que
nous avons, avant tout, mission de défendre, l'intérêt agricole.
Permettez-nous de vous en parler.

Nous savons bien que l'on a été jusqu'à nier que l'agriculture
eût intérêt à la conservation de l'industrie sucrière indigène;
nous savons bien que l'on a été jusqu'à soutenir que cette industrie nuisait à l'agriculture. Ces assertions inqualifiables, il
nous sera facile de les réduire à leur juste valeur. Mais pour que
vous puissiez enfin pénétrer au cœur de la question, nous avons
le devoir de vous présenter, non un plaidoyer plus ou moins
habile, en faveur de l'intérêt sur lequel nous appelons aujour-
d'hui votre attention toute spéciale, mais des faits, des faits sé-
rieux, exacts, soigneusement recueillis. Ces faits, nous en sommes convaincus, établiront à vos yeux, mieux que ne pourraient
le faire les meilleurs argumens, l'intime liaison qui existe entre
l'industrie sucrière et la prospérité agricole de nos pays. Cette
démonstration faite, les conséquences seront faciles à tirer. (1)

I.

*De la betterave et de ses produits dans le département du Nord
et spécialement dans l'arrondissement de Valenciennes.*

C'est en 1784 que la betterave fut introduite dans le département du Nord; le gouvernement y envoya de la graine qu'il y fit
distribuer.

En 1804 la betterave était cultivée dans les arrondissemens de
Lille, de Douai, de Valenciennes et de Bergues. Cette culture y
occupait 52 hectares.

Lorsqu'en 1811 l'Empereur créa la sucrerie indigène et fit
planter 32,000 hectares de terres en betteraves par voie de ré-
quisition, cette plante était naturalisée chez nous. La betterave
rouge et la betterave marbrée dite *disette* étaient cultivées pour la
nourriture des bestiaux. Aussi répondit-on avec empressement à
l'appel de l'Empereur. Pour 1811, cet appel avait été tardif; cependant sur 400 hectares formant le contingent du département,
377 furent ensemencés.

La même année, l'une des six écoles expérimentales créées par
le décret du 25 mars fut ouverte à Douai. La direction en fut
confiée à M. Barruel, l'un des chimistes qui avaient rédigé les
instructions officielles pour la culture de la betterave et la fabrication du sucre.

En 1812, cinq cents licences, emportant exemption de droits
de toute espèce, durent être accordées aux fabricans qui s'obli-
geraient à travailler annuellement 10,000 kilog. de sucre brut.

(1) Tous les chiffres donnés dans le travail qui va suivre, sont tirés
de documens officiels soit imprimés soit inédits.

Quatorze de ces licences furent destinées au département du Nord. — De plus, le commerce des sirops fut déclaré libre et exempt de tout droit, sans avoir besoin de recourir à la licence. — Une des quatre grandes fabriques impériales destinées à produire chacune 600,000 kilog. de sucre dut être établie à Lille, sous la direction de M. Derosne.

En cette année 1812, on planta en betteraves, dans le département, 2,220 hectares; 947 hectares dans l'arrondissement de Lille, 1,011 dans ceux de Douai et de Valenciennes, réunis à cette époque.

Il y avait, dans le département, des fabriques de sucre en pleine activité, à Avesnes, Valenciennes, Douai, Auby, Villers-au-Tertre, Lille et Dunkerque.

En 1813, deux nouvelles fabriques se montèrent à Cambrai.

Le gouvernement crut alors pouvoir renoncer au système des réquisitions. L'empressement des cultivateurs à fournir des betteraves aux sucreries fit produire, en 1813, à la culture libre, autant que la culture forcée avait produit en 1812.

En 1814, la culture fut encore assez importante. Mais les betteraves ne servirent qu'à la nourriture des bestiaux. La chûte de l'Empire avait entraîné la chûte des fabriques de sucre.

Il ne faut pas croire toutefois que le gouvernement de la Restauration fut hostile à la sucrerie indigène, tout au contraire. Il fit pour elle ce qu'il pût; il fit répandre des instructions pour indiquer aux industriels les meilleurs modes de fabrication. Mais la France subissait le joug des étrangers, et au blocus continental avait succédé forcément un système très peu protecteur des industries nationales. — Le droit sur les sucres de canne, qui était sous l'Empire de 75 fr. par navires américains et de 300 fr. par tous autres, fut abaissé au taux uniforme de 40 fr.; à la fin de la même année (1814) il fut fixé à 40 fr. pour le sucre de nos colonies qui venaient de nous être rendues, et à 95 f. pour le sucre étranger. Puis, en 1816, on le porta à 45 f. pour le sucre colonial; il fut abaissé à 70 fr. pour le sucre étranger.

La protection nécessaire alors à l'industrie naissante avait cessé, et l'industrie avait disparu. Une seule fabrique resta debout, petite, sans importance. M. Houdart, de Villers-au-Tertre, ancien soldat de l'Empire, semblait, fidèle à la consigne de son général, une sentinelle perdue mais confiante, prête à tirer le premier coup de fusil dans cette guerre industrielle contre les mortels ennemis de l'Empereur, guerre qu'il ne considérait pas comme terminée, mais seulement comme suspendue.

Et en effet, l'intérêt de nos colonies et de notre marine fit modifier le tarif des sucres.

En 1820, la surtaxe fut élevée de 5 fr. et, en 1822, de 20 autres francs.

Ainsi le droit sur le sucre étranger fixé d'abord, en 1814, à 95 fr., réduit à 70 en 1816, avait été reporté en 1822 à 95 fr., le droit sur le sucre colonial étant de 45 francs, soit, 50 fr. de surtaxe.

La nouvelle législation permit à l'industrie sucrière indigène de renaître de ses cendres. La culture en grand de la betterave, qui ne pouvait se soutenir sans l'auxiliaire de la fabrication du sucre, avait disparu du département du Nord; elle fut reprise avec empressement par nos cultivateurs aussitôt qu'ils purent le faire avec avantage.

En 1828, la fabrication du sucre avait assez reparu en France pour que le gouvernement ordonnât une enquête sur les conséquences qui pouvaient naître de cette réapparition. On comptait alors onze fabriques dans le département du Nord, dont une dans l'arrondissement de Valenciennes, créée en 1826, par MM. Harpignies, Blanquet et Cie.

En 1828, notre arrondissement avait deux fabriques, trois en 1829.

En 1836, le département comptait 145 fabriques et notre arrondissement en avait 45 et 12 en construction.

A cette époque l'industrie indigène avait fait de grands progrès; l'industrie coloniale en avait fait aussi; la protection avait été restreinte. — La surtaxe des sucres étrangers avait été diminuée de 10 fr. en 1833. Elle subit une nouvelle diminution de 20 fr. en 1840.

Dans l'intervalle le sucre indigène fut imposé, savoir : En 1837, de 10 fr.; — en 1839, de 15 fr.; — en 1840, de 25 fr.; — en 1844, de 30 fr.; — en 1845, de 35 fr.; — en 1846, de 40 fr.; — et en 1847, de 45 fr., droit égal à celui perçu sur les sucres coloniaux.

L'état de la législation, encore actuellement existante, est donc, un droit sur le sucre indigène de . . . . 45 fr. plus le décime.

Pour le sucre colonial, de. 45

Sauf pour l'île de la Réunion (Bourbon) 38 50

Pour le sucre étranger, de 65

Surtaxe. . . . . . 20 fr.

Sous l'empire de cette législation, l'industrie sucrière indigène s'est consolidée. Le département du Nord a produit de 25 à 30 millions de kilog. de sucre, et l'arrondissement de Valenciennes 8 millions 1|2 en moyenne annuelle. Ces 8 millions 1|2 sont fabriqués par 58 usines.

Les mélasses des sucreries indigènes sont transformées en alcool et les vinasses des distilleries donnent des potasses. L'arrondissement de Valenciennes livre au commerce, chaque année, de 19 à 20,000 hectolitres d'alcool.

Pour obtenir ces résultats, 5,000 hectares de terre sont annuellement plantés en betteraves. Le fisc retire de leurs produits cinq millions de francs, soit mille francs à l'hectare. (1)

---

(1) 8 millions 1/2 de kilog. de sucre à 49 fr. 50 c. de droit aux cent kilog. (décime compris) donnent. . . . . 4,207,500 fr.
20,000 hectolitres d'alcool à 37 fr. 50 c. donnent. . . . 748,000

                                                                 4,955,500

Il faut ajouter à cela que chaque hectare ensemencé en betterave donne 7,500 kilogrammes de pulpe au *minimum*, soit 37,500,000 kil., qui nous permettent de nourrir et d'engraisser de nombreux bestiaux.

Telle est, messieurs, l'importance qu'a atteint, chez nous, cette riche culture de la betterave.

Introduite dans nos assolemens par les soins du gouvernement, qui nous envoya de la graine en 1784, la betterave fut transformée en sucre en 1811, par décret impérial. Presqu'abandonnée faute de protection suffisante, elle reparut en 1826, à l'abri d'une législation moins favorable aux produits étrangers. Elle est devenue une richesse agricole, dont tout-à-l'heure vous apprécierez mieux encore l'importance.

II.

De l'influence de la culture de la betterave sur l'agriculture du Nord et spécialement sur ses produits en céréales.

En 1847, les blés étaient à haut prix. Dans des observations adressées à M. le ministre de l'agriculture, on disait : « Les contrées du nord de la France sont *affamées* par la culture de la betterave, qui ruine le sol en confisquant à son profit des terres qu'on devrait ensemencer en blé pour leur nourriture. » — Le ministre répondait : « Comme vous le faites remarquer, la culture de la betterave tend à *réduire* la production des céréales. » — A cette épouvantable accusation, qui pouvait soulever des tempêtes, nous avons répondu par des chiffres officiels constatant que nous cultivions et produisions plus de blé depuis que nous fesions du sucre, qu'avant d'en produire.

A cette réponse il n'y avait pas de réplique et on n'en a pas fait. Mais on ne s'est pas fait faute, en revanche, de répéter, sans les prouver, les mêmes accusations. Ces accusations sont résumées dans l'exposé de la question des sucres distribué au conseil général de l'agriculture, des manufactures et du commerce. — Voici les suppositions les plus graves que contient cet exposé (1). — Nous avons, disent nos adversaires, pour produire une grande quantité de betterave, renoncé à tout assolement. — Les terres qui servent à la betterave portaient autrefois du blé et n'en portent plus. — « Un changement notable s'est opéré dans les relations commerciales du département du Nord avec les autres régions. Précédemment le Nord fournissait des grains, non seulement à la consommation de ses populations, mais encore aux habitans des côtes de la Méditerranée ; aujourd'hui, sa production n'est plus en rapport avec ses besoins, et un commerce d'importation a remplacé le commerce d'exportation auquel il se livrait. »

Autant d'assertions, autant d'erreurs.

_____

(1). L'exposé dont il est question résume toutes les opinions. — Bien entendu en en laissant à chacun la responsabilité.

Avant 89 , le département du Nord était divisé : il contenait le *département* ou l'*intendance* de Flandre , chef-lieu Lille , et le *département* du Hainaut, chef-lieu , Valenciennes. — Le département du Hainaut comprenait l'arrondissement actuel de Valenciennes, ceux d'Avesnes et de Cambrai , et en grande partie celui de Douai. — Voici ce que l'on trouve aux archives du département du Nord , dans un *état de production de récoltes* fourni par l'intendant du Hainaut, à la date du 15 septembre 1789 :

« La production d'une année commune ne fournit à la consommation des habitans du Hainaut et pays y réunis que pour *six mois et demi* environ. Ce qui manque se tire des provinces voisines et en plus grande partie de l'étranger qui avoisine presque tous les cantons du département du Hainaut, *dont les productions ne sont pas suffisantes.* »

En 1804 , parut la statistique du département du Nord par le préfet Dieudonné. On y lit : (T. 1. P. 621.) « Le département n'a point d'excédant en grains destinés à la nourriture des hommes ; il n'en a point également en avoine , en fourrage ; *tout se comsomme sur les lieux.* Il n'y a donc *aucune exportation* de ces divers produits, ni à l'intérieur, ni à l'étranger.

« Cependant, lorsque l'exportation des grains est permise , il en sort des cargaisons du port de Dunkerque ; *mais* ce sont des grains venus par la voie du commerce des départemens voisins. »

Au lieu d'un excédant, le préfet estime qu'en moyenne , pour la nourriture des habitans, il y a, année commune , un déficit de 33 ,507 hectolitres de céréales.

Ce déficit a augmenté quelque peu depuis, surtout en l'appliquant aux besoins de l'industrie. Mais il faut tenir compte de ce qu'en 1804 le département du Nord était plus considérable et comprenait plusieurs cantons Belges très producteurs de blé.

Que devient donc , devant ces faits, ce prétendu commerce d'exportation des blés du département du Nord sur les côtes de la Méditerranée? une pure invention , comme celle de nos populations affamées par la betterave.

Depuis 1804 , le département a été plus souvent en déficit qu'en excédant. Cela est vrai. Mais cela n'empêche point que la culture des céréales et notamment du froment n'y ait progressé. Il fallait, en effet, que la production progressât pour que le déficit n'augmentât point , alors que les besoins augmentaient.

En 1804 , le département devait fournir à la nourriture de	794,000	habitans.
En 1815 , de	888,000	
En 1830 , de	979,000	
En 1840 , de	1,058,000	
En 1849 , de	1,136,000	

Les besoins industriels ont aussi considérablement augmenté: 700 ,000 hectolitres de grains y sont annuellement employés. — Pour ne parler que des bières , il s'en fesait dans le département, en 1804 , 900 ,000 hectolitres ; il s'en fait aujourd'hui 1 ,500 ,000.

En nombres ronds, les besoins sont comme suit :

Nourriture des habitans............. 3,000,000 hectolitres.
   id.   des animaux domestiques 2,000,000
Semence........................ 500,000
Manufactures.................... 700,000

Total..... 6,200,000

Pour subvenir à ces besoins croissans, le département, qui produisait, en 1815, 4 millions d'hectolitres de céréales, en produit aujourd'hui 6 millions, soit moitié en plus, en moins de 35 ans.

Ainsi, d'une part, il est faux que le département du Nord ait jamais exporté ses céréales, d'autre part il est faux qu'il produise moins de céréales qu'autrefois. — Il est vrai au contraire que ses produits en céréales ont toujours augmenté.

Que deviennent maintenant ces assertions : — on a renoncé, dans le nord, à tout assolement; — les terres qui servent à produire des betteraves servaient à produire du blé?

On n'a point renoncé aux assolemens, on les a modifiés, on les a améliorés; on a supprimé les jachères, défriché les terres incultes; on plante du blé après la betterave, préférablement à tout autre assolement, parce que le blé planté après la betterave produit 10 p. %, de plus.

Cet assolement n'est pas seulement le résultat d'un besoin industriel, il est une bonne pratique agricole : et en effet, si l'on plante deux fois de suite de la betterave, on a remarqué que la seconde récolte était attaquée par les insectes; d'un autre côté le blé planté après le trèfle ou autres produits analogues est attaqué par le *vermeau*, tandis qu'il n'y a pas un seul exemple que le *vermeau* ait été vu dans un blé après betteraves. Ces faits viennent d'être constatés par la section du conseil agricole du Nord représentant les arrondissements de Valenciennes, de Cambrai et d'Avesnes; il a été constaté que le *vermeau* détruisait 5 p. %, de la récolte des céréales dans l'arrondissement d'Avesnes, 3 %, dans l'arrondissement de Cambrai et n'était, pour ainsi dire, plus connu dans l'arrondissement de Valenciennes. Il suit de là que l'on peut dire que les ravages du *vermeau* sont en raison inverse de la culture de la betterave.

Au surplus, et ceci est sans réplique, on peut voir, dans les documens recueillis à la préfecture du Nord, qu'il y avait ensemencés en grains de toute espèce, dans le département, en 1815........................... 198,996 hectares.

De 1815 à 1828 les renseignemens manquent.

Mais de 1828 à 1849 nous trouvons :

Moyenne des cinq premières années... 225,719 hectares.
Moyenne des cinq dernières........... 239,809

Donc...... 14,090 hectares, de plus plantés annuellement en céréales de 1845 à 1849 que de 1828 à 1832.

Si l'on ne veut parler que du froment, on aura :

De 1794 à 1804. 92,460 hectares.

En 1815. 110,065

En 1849. 120,186

Moyenne de 1828 à 32. 110,197

Moyenne de 1845 à 49. 118,183

Augmentation de la seconde moyenne
sur la première. . . . . 7,986 hectares.

Mais, dira-t-on peut-être, malgré les explications données ci-dessus, on ne produit pas de betteraves dans tout le département. Or, les arrondissemens où l'on ne fait pas de sucre viennent combler le déficit que laissent les arrondissemens sucriers.

Voyons, et prenons pour exemple l'arrondissement de Valenciennes.

Cet arrondissement a 62,978 hectares d'étendue et 150,643 habitans ; il emploie 5,000 hectares à la culture de la betterave pour alimenter 58 fabriques de sucre. Certes, il n'est pas de position plus convenable pour expérimenter les effets de cette culture sur l'agriculture en général et sur la production des céréales en particulier; et l'on ne peut nier que si les assertions de nos adversaires sont ici démenties, elles ne peuvent être reproduites sans mauvaise foi.

Voyons donc ce qui en est dans l'arrondissement de Valenciennes.

III.

De l'influence de la culture de la betterave sur les autres cultures de l'arrondissement de Valenciennes.

Rien n'est moins rare, en ce monde, que les contradictions. On se plaint de l'infériorité de notre agriculture, et quand, dans un coin de la France, l'agriculture fait des progrès, on s'empresse de proposer tous les moyens imaginables de les entraver.

On crie par-dessus les toits que l'agriculture française est inférieure à l'agriculture anglaise; on assigne à cette infériorité trois causes : — la propriété trop divisée, — des baux à trop courts termes, — le manque de capitaux.

On cite, comme une honte pour notre pays, que l'hectare ne produise en moyenne que 13 à 14 hectolitres de froment, tandis qu'il en produit 18 en Angleterre.

Il ne faut cependant pas passer la Manche pour rencontrer pareille merveille. — Il est un département en France où la propriété est très divisée, — où les baux ne sont pas à longs termes, — et qui toutefois produisait, il y a dix ans, 18 à 20 hectolitres de blé à l'hectare, et qui en produit maintenant 23-74. — Il est un arrondissement de ce département, placé dans ces conditions considérées comme défavorables, et qui produit à l'hectare de 25 à 30 hectolitres de blé. — Ce département est celui du Nord. — Cet arrondissement est celui de Valenciennes.

L'arrondissement de Valenciennes est très peu étendu et très populeux. Il contient, comme nous l'avons dit plus haut, moins de 63,000 hectares et plus de 150,000 habitans.

17,000 hectares sont en bois et prairie.

43,000 en terres labourables :

Savoir :
{
25,000 sont consacrés aux céréales.
2,000 aux pommes-de-terre.
5,000 aux betteraves.
2,400 aux graines oléagineuses.
8,600 aux autres cultures.
}

En 1849, l'arrondissement comptait en froment, seigle, orge et avoine.............................. 24,510 hectares.

Il n'en avait, en 1839, que.... 23,808

Différence en plus........ 702

En 1849, en froment seulement il avait 14,189 hectares.

En 1839, ... 12,673

Différence en plus........ 1,516

Le chiffre officiel de la consommation annuelle du froment, par individu, pour toute la France, est de 1 hectolitre 72. — Dans le département du Nord, cette consommation est de 2 hectolitres 20.

Au lieu de compter le produit de l'hectare de froment de 25 à 30 hectolitres à l'hectare, comptons le seulement à 25, et nous aurons, pour l'arrondissement de Valenciennes, les résultats suivans pour l'année 1849.

14,189 hectares, à 25 hectolitres, ont produit........................... 354,735 hect.

150,643 habitans, à 2 hectolitres 20, ont consommé. 331,414

L'arrondissement a donc produit.. .... 23,321 hectolitres de froment de plus qu'il ne lui en fallait pour la consommation de ses habitans.

En 1849, on a planté, en pommes-de-terre 1,710 hectares.

En 1839............................... 1,675

Différence en plus........... 35

Entretems, un plus grand nombre d'hectares avaient été consacrés à la culture de ce tubercule, mais la maladie, qui en diminuait le produit, en a fait réduire l'étendue. — En 1849, la pomme-de-terre n'a donné, en moyenne dans le Nord, que 154 hectol. 15 à l'hectare. La consommation annuelle, par individu, est de 1 hectol. 50.

1,701 hectares, à 154 hectolitres 15, ont produit...................... 262,209 hecto.
150,643 habitans, à 1 hectolitre 50, ont consommé........,.. 225,964

L'arrondissement a donc produit... 36,245 hecto-litres de plus qu'il ne lui en fallait pour sa consommation. Que se-rait-ce avec des pommes-de-terre saines, alors que l'hectare donnerait 300 hectolitres au lieu de 154 ?

La quantité d'hectares plantés en graines oléagineuses en 1849, est moindre que celle de 1839.

En 1839, il y en avait.......... 2,567
En 1849 2,386

Différence en moins..... 181

Il ne faut cependant pas se hâter de conclure de là que cette culture tend à être abandonnée; et en effet, l'introduction du sésamme a, pendant un certain tems, réduit les bénéfices du cultivateur français, et par suite diminué sa culture en graines oléagineuses. Mais cette culture a repris, et l'année 1849 est en progrès sur les années précédentes.

L'annuaire statistique du département, pour 1850, publié sur les documens officiels reposant à la préfecture, s'exprime ainsi, p. 396 : « La culture du colza, déjà augmentée en 1848 sur 1847, a reçu, en 1849, un nouvel accroissement de plus de 1,200 hectares, et elle a fourni un résultat qui excède d'environ 120,000 hectolitres celui de l'année précédente. L'arrondisse-ment de Lille a produit les 2|5 de la récolte; ceux de Cambrai et Valenciennes chacun 1|5. »

Il est remarquable que ce soient les arrondissemens où l'on fait le plus de sucre qui produisent aussi le plus de graines oléa-gineuses.

Enfin, d'après la statistique du gouvernement, l'arrondisse-ment de Valenciennes aurait produit, en 1839, 247,181 quin-taux de fourrages; — il en a produit en 1849, 248,911. A quoi il faut ajouter 751,000 quintaux de paille et 37 millions de kilog. de pulpe de betterave.

N'est-il pas maintenant évident, pour les esprits même les plus prévenus, que la betterave n'est coupable d'aucun des crimes dont on l'accuse ; que si elle a fait disparaître de chez nous quelques cultures secondaires, elle a fait aussi disparaître les jachères, et n'a, en aucune façon, amoindri nos produits en céréales, en pommes-de-terre, en graines oléagineuses, en fourrages. N'est-il pas évident qu'on lui doit les progrès im-menses de notre culture, aujourd'hui supérieure à la culture anglaise ?

Nous disons qu'on lui doit ces progrès, et en effet : — les baux ne sont pas chez nous à plus long terme qu'ailleurs. — La propriété est très divisée (ce que toutefois, soit dit en passant, nous ne considérons pas comme défavorable au progrès) ; — les capitaux manquaient à nos campagnes, l'industrie du sucre indigène les y a porté. Les capitaux ont permis d'acheter des bestiaux, et les pulpes de betteraves de les nourrir. Les bestiaux ont donné des fumiers et de la viande. Les terres, mieux fumées et mieux appropriées ont donné de plus belles récoltes. Voilà tout le secret de notre richesse agricole. On la doit à la betterave qui nous permet de distraire de nos bénéfices annuels plus de 5 millions de francs, qui entrent dans les caisses de l'Etat, du seul chef de l'impôt dont sont frappés nos produits.

Malheureusement, il est une erreur singulièrement enracinée dans les esprits qui aiment mieux accepter une opinion toute faite que de se donner la peine de s'en faire une en s'entourant des renseignemens nécessaires ; — il est passé en quelque sorte en force de chose jugée, que notre prospérité agricole tient uniquement à l'excellence de notre sol, et que par suite, le monopole de la culture de la betterave nous est assuré. — C'est une erreur ; permettez-nous, messieurs, de vous le démontrer.

IV.

Des causes de la richesse agricole du Nord.

En fait, avant 89, notre pays était relativement bien cultivé, mais seulement dans les vallées. Partout ailleurs on travaillait à améliorer un sol ingrat, qui n'était, vers 1700, que sable ou friche. Les statistiques de l'époque que possèdent nos dépôts publics en pourraient fournir la preuve.

Nous avions toutefois alors, nous le reconnaissons, une supériorité agricole relative incontestable ; mais à quoi devions-nous cette supériorité ? nous la devions, nous allons le prouver, à l'intelligente protection des gouvernemens sous lesquels le sort nous avait placés, et non pas à un sol tout spécial. La Belgique, dont longtemps nous avons été une province, n'était point la terre promise ; un cataclysme n'avait point jeté, sur un rocher stérile formant le royaume de France, des terres d'alluvion où le Flamand n'avait qu'à semer pour récolter. Si l'agriculture flamande a été et se trouve encore supérieure à la culture de l'ancienne France, il faut en chercher ailleurs la cause. Notre prospérité agricole nous la devons aux travaux incessans de nombreuses générations, travaux protégés, encouragés, nous le répétons, par un gouvernement intelligent et sage.

Chacun sait que la prospérité des provinces belges, au X⁵ siècle, est due à la bonne administration des Bauduin, comtes de Flandre et de Hainaut, à la protection qu'ils accordaient au commerce, aux soins qu'ils avaient de créer et d'entretenir de bonnes communications. — La prospérité crée la richesse, la richesse augmente la prospérité. C'est ainsi que ces canaux qu'on nous reproche, comme si l'état s'était épuisé pour les creuser, nous les avons payés et longtemps entretenus à nos frais.

Les ducs de Bourgogne, descendants de nos anciens comtes, protégèrent comme eux notre commerce et notre agriculture; qu'en résulta-t-il? — Citons un homme dont l'autorité n'est ni contestée ni contestable et qui parlait *de visu*; *Arthur Yung*, après avoir présenté le département du Nord comme la contrée la plus fertile de France, s'exprime ainsi :

« C'est près de Bouchain que commence la ligne de démarcation entre l'agriculture française et la flamande.... Cette ligne de démarcation.... s'accorde exactement avec l'ancienne ligne qui séparait les deux états de France et de Flandre. Les conquêtes des Français ont étendu leurs possessions beaucoup plus loin ; mais cela ne change rien à l'ancienne division, et il est très curieux de voir que le mérite de l'agriculture forme, jusqu'à ce jour, des bornes qui ne répondent point aux limites politiques de la période actuelle, mais de l'ancienne, offrant une ligne très distincte tracée entre le despotisme de la France qui déprimait l'agriculture, et le gouvernement libre des provinces de Bourgogne qui *la chérissait et la protégeait*. » (1)

Notre préfet Dieudonné, qui cite ce passage, ajoute : « Si l'on voulait une autre preuve de la vérité de cette observation d'*Arthur Yung*, on la trouverait dans la province d'Alsace, pays réuni à peu près dans le même temps que la Flandre, où la culture a un degré si marqué de supériorité sur celles des provinces de l'ancienne France qui lui sont contiguës. » (2).

C'est aussi de la protection intelligente du gouvernement que Mathieu de Dombasle fait dépendre les progrès agricoles. « Bien

---

(1). Voyage en France pendant les années 1787, 88, 89 et 90. T. 2. Edition de Paris an II.

Dernièrement, un journal fesait en ces termes le tableau vrai de l'agriculture française d'autrefois :

« Avant la révolution de 89, la terre subissait le poids de charges énormes. Elle était soumise aux redevances féodales.; elle acquittait la dîme du clergé, satisfaisait en grande partie aux exigences du fisc, et de la façon la plus inégale et la plus arbitraire ; les bases de la répartition manquaient ; il n'y avait aucun système régulier pour déterminer la valeur des terres; de sorte qu'on payait ici plus, là moins, suivant les caprices des répartiteurs de l'impôt foncier.

« De plus, la vente des produits agricoles était paralysée par toute espèce de restrictions, tant naturelles que législatives : ainsi par l'absence des voies de communication et des moyens de transport, et par la prohibition souvent absolue du droit d'exportation et d'importation. Il n'est pas étonnant que, sous un pareil régime, l'agriculture soit restée stationnaire, et qu'on la retrouve, à la veille de la révolution, à peu près ce qu'elle était sous Louis XIV.

« Il fallut lever tous ces obstacles pour que le progrès commençât pour elle, progrès arrêté quelque temps par les fauteurs révolutionnaires, mais qui reprit son essor avec l'Empire, et ne cessa de continuer jusqu'à nos jours.

« En 1788, l'hectare produisait 8 hectolitres, comme sous Louis XIV; il en produit aujourd'hui 13 à 14. »

(2). Statistique du Nord, T. 1. P. 297.

des départements, disait-il, sont aussi favorables à la production du sucre indigène que les départements du Nord, *le combustible n'y est pas plus cher, le sol y est au moins aussi propre à la culture de la betterave...* Si l'industrie du sucre s'est d'abord concentrée dans le Nord, si la culture de la betterave s'y est développée, c'est que « toute la population agricole possédait d'avance l'habitude des procédés et des soins qui peuvent en assurer la réussite » ; et il ajoutait (c'était en 1837) qu'avec du temps les essais que l'on tentait dans un grand nombre de départements seraient couronnés de succès « s'ils ne sont pas paralysés par une législation qui rendrait impossible l'établissement de toute fabrique dans les localités où l'on ne peut espérer du profit de cette fabrication que dans un avenir plus ou moins éloigné. » (1)

C'est qu'en effet les progrès agricoles sont lents, mais donnent des résultats assurés et considérables. C'est qu'en effet ils ne peuvent être le résultat que d'une protection longue et durable, comme celle qui a créé et développé notre agriculture.

Nos adversaires ne peuvent récuser l'autorité d'un libre-échangiste, d'un économiste éminent. M. Michel Chevalier, en 1845, vint avec M. Dumas, actuellement ministre de l'agriculture, visiter l'arrondissement de Valenciennes. Après huit jours d'examen, M. Chevalier disait : « la betterave a résolu un problème considéré jusqu'ici comme une utopie : offrir à l'habitant des campagnes une industrie quand les champs lui font défaut. » — » Nulle autre part autant que parmi vous, je n'avais eu conscience de ces hautes destinées réservées à l'industrie, c'est que nulle part elle ne s'en montre aussi digne. C'est ici qu'il faut apprécier *son influence salutaire sur la prospérité publique et sur le bien-être des populations.* »

Ce langage n'était point exagéré. M. Michel Chevalier avait vu, étudié nos populations agricoles. Il savait que les salaires des ouvriers des campagnes avaient été doublés, qu'ils en gagnaient l'hiver comme l'été (2); il savait que la propriété avait aussi

---

(1). De l'impôt sur le sucre indigène. 8 décembre 1837.

(2) A part l'augmentation du taux de la journée et le travail d'hiver, il y a encore ce fait, que la culture de la betterave est de toutes les cultures celle qui exige le plus de main-d'œuvre.

CULTURE DU BLÉ.

A la mencaudée (mesure du pays de 22 ares, 98 centiares).

Sarclage..................................	1 fr. 75 c.
Piquetage................................	3 «
Façon de meulettes et liage.............	2 «
Transport, chargement et déchargement...	3 «
Total.....	9 75

CULTURE DU COLZA.

Repiquage et palotage..................	9 «
Sciage, soins à pigeons.................	3 «
	12 «

doublé de valeur, non fictivement, comme on l'a prétendu, mais parce que son prix s'était mis en rapport avec la valeur acquise. Cela est tellement vrai, qu'alors qu'après février 1848 toutes les valeurs furent dépréciées, la terre chez nous ne le fut pas un seul instant.

Mais cette prospérité, M. Michel Chevalier le savait bien, n'aurait pu se produire sans la *protection*, et cette protection il l'avait lui-même énergiquement réclamée, modifiant ainsi sagement, dans la pratique, des théories plus ou moins applicables aux temps à venir. Aussi, en nous parlant de ces ennemis irréconciliables qui ont voulu nous « exterminer sous le poids de droits, *en apparence égaux*, mais *en fait non équitables et tout au moins prématurément exagérés*, » M. Chevalier, ajoutait : « Une campagne nouvelle doit s'ouvrir, et vous trouverez de plus puissans défenseurs, mais vous n'en rencontrerez pas de plus dévoués ni de plus fermes que moi. »

De ce que nous venons dire il résulte à l'évidence que la prospérité agricole de notre pays n'est pas due à un sol privilégié, mais à la protection intelligente des gouvernemens sous lesquels nous avons vécu.— Les comtes de Hainaut et les ducs de Bourgogne ont encouragé nos pères à travailler à rendre leur sol fertile.—Réunis à la France, nous en devînmes les provinces les plus avancées en agriculture. — Quand, en 1784, le gouvernement nous envoya des graines de betterave, nos terres étaient en état de les féconder utilement, et nos laboureurs avaient acquis l'aptitude nécessaire à leur culture. — Quand Napoléon voulut que la France produisît son sucre, il trouva la betterave acclimatée chez nous. — Qu'y a-t-il donc d'étonnant que la fabrication du sucre indigène se soit portée dans le nord de la France ? Il n'avait besoin, pour se l'assimiler, ni d'un sol ni d'un climat spécial ; son agriculture, née de la *protection* intelligente de ses anciens souverains, a progressé, *protégée* par le gouvernement impérial, et a surpassé la culture anglaise, sous la *protection* de lois faites pour notre commerce maritime, mais dont nos cultivateurs ont habilement profité.

C'est ainsi, messieurs, que les choses se sont passées, nous en avons pour témoins et garants Arthur Yung, Mathieu de Dombasle et M. Michel Chevalier.

V.

La fabrication du sucre indigène par rapport à l'agriculture du centre et du midi.

Nous venons de le dire avec Mathieu de Dombasle : bien des départemens en France peuvent produire utilement le sucre. Le

CULTURE DE LA BETTERAVE.		
Plantation	1	50
Rasette.............................	10	««
Déplantation	8	««
Transport, chargement et déchargement...	12	««
	31	50 sans

compter la mise en silos.

combustible n'y est pas plus cher, le sol y est au moins aussi propre à la culture de la betterave.... Si la fabrication du sucre s'est d'abord concentrée dans le nord, si la culture de la betterave s'y est développée, « c'est que toute la population agricole possédait d'avance l'habitude des procédés et des soins qui peuvent en assurer la réussite. »

Quand Mathieu de Dombasle parlait ainsi, quand il prévenait le législateur, qu'en retirant trop vite la protection à l'ombre de laquelle grandissait l'industrie sucrière, on arriverait au but opposé à celui que l'on voulait atteindre, les hommes les plus intéressés à s'éclairer de ses conseils, ou ne l'entendirent pas, ou ne l'écoutèrent pas. Les départemens de l'intérieur surtout avaient intérêt à voir se développer la fabrication du sucre, à l'implanter dans leur agriculture, à l'enrichir de ses bienfaits. Et cependant ils aidèrent à l'accomplissement de la prophétie de Mathieu de Dombasle : en diminuant la protection, en la réduisant au chiffre auquel pouvaient vivre les sucreries du nord, ils la refoulèrent dans nos départemens, la détruisirent dans les leurs, et privèrent pour longtemps encore leur agriculture de tous les avantages que nous avons énumérés plus haut. Les efforts de leurs intelligens agriculteurs pour implanter chez eux la fabrication du sucre furent *paralysés par une législation qui rendait impossible toute fabrique dans leurs localités.*

On nous a souvent accusés d'exagération, pour ne pas dire plus, quand nous soutenions que telle ou telle diminution de protection entraînerait la ruine de l'industrie. Après la mesure votée, la production ne diminuant pas, on disait : Vous voyez bien que cela n'était pas vrai... Fatale erreur. Lorsque la fabrication du sucre indigène venait dire d'une voix commune qu'une mesure législative allait la détruire, elle voulait dire qu'il lui fallait du temps encore pour s'acclimater dans les 67 départemens où elle s'était produite, et c'est ce que l'on n'a pas voulu comprendre. On a dit aux fabricans qui voulaient doter leurs départemens d'une bienfaisante et riche industrie : Tant pis pour vous si vous êtes dans une mauvaise position; les fabriques bien placées vivront. Et en effet l'industrie a vécu, mais chassée des trois quarts du sol de la France, concentrée forcément dans le nord, comme l'avait prédit Mathieu de Dombasle; et cela, parce que les hommes les plus intéressés à l'implanter chez eux, fascinés par nous ne savons quel prestige, ont donné la main à nos *ennemis irréconciliables* qui, comme le disait M. Michel Chevalier, ont voulu nous *exterminer* sous le poids de droits, en apparence égaux, mais en fait non équitables *et tout au moins prématurément exagérés.* »

Donc, messieurs, et dussiez-vous regarder ceci comme un paradoxe, nous soutenons que si l'agriculture est intéressée dans la question qui va se débattre devant vous, et nous l'avons suffisamment prouvé, c'est surtout l'agriculture des départemens de l'intérieur. Nous avons à conserver, sans doute, une riche culture, eux ont à la conquérir. Ils ont, quelques-uns du moins, le sol, le charbon, les bras, l'intelligence; il leur manque les habitudes agricoles qui ne s'acquièrent qu'avec le tems, la certitude de trouver la rémunération suffisante des capitaux nécessaires à préparer leurs terres et à monter leurs fabriques. Une législation protectrice peut seule les leur donner.

Quant à l'agriculture du midi, a-t-elle un intérêt dans la question? Si ses produits sont imposés, vins et alcools, les nôtres le sont également, sucres, alcools et bières. Si nos sucres jouissent d'une protection de 20 fr. de surtaxe aux 100 kilog., les vins sont protégés par une surtaxe de 35 fr. à l'hectolitre sur les vins ordinaires, et de 100 fr. sur les vins de liqueur. Les eaux-de-vie sont protégées par une surtaxe de 50 fr. à l'hectolitre sur les eaux-de-vie de vin, et de 200 fr. sur les eaux-de-vie de cerises, de mélasses et de riz.

Ce n'est pas tout. Alors que toute protection a disparu pour nos sucres à l'égard des sucres coloniaux, l'agriculture du midi jouit encore d'une protection de 20 fr. de surtaxe sur les alcools des colonies. La loi fiscale a, pour l'agriculture du Nord et l'agriculture du Midi, deux poids et deux mesures. Elle a appliqué au Nord le principe de l'égalité des droits pour les produits coloniaux et métropolitains, et elle a laissé subsister l'inégalité de ces droits pour le Midi. De quel côté, dites-le, messieurs, est le privilège?

Ce n'est pas tout encore. Les colonies souffrent, dit-on, il faut leur venir en aide. Mais qui paiera l'indemnité? La canne produit du sucre et de l'eau-de-vie; le principe de l'égalité des droits pourrait être appliqué à l'eau-de-vie; c'est ce qui paraîtrait rationel. Eh bien! on propose de violer le principe au détriment de l'agriculture du Nord. C'est là ce qu'on appelle de la justice et de la bonne économie politique!... Cependant, hâtons-nous de le dire, pour ne pas paraître injustes nous-mêmes : ce n'est point le gouvernement qui est entré dans cette voie; il repousse ce système incroyable, et nous devons espérer qu'il vous convaincra.

Placé au-dessus des intérêts de localité trop souvent mal compris; voulant faire une loi d'avenir et non satisfaire, tant bien que mal, aux criailleries de quelques intérêts secondaires qui n'ont d'importance que par le bruit qu'ils font ou qu'ils excitent et auxquels cependant il a cru devoir faire une part, le gouvernement a compris que les intérêts de l'agriculture des diverses contrées de la France n'avaient rien de contraire et d'opposé.

Et en effet, protéger l'industrie du sucre indigène, n'est-ce pas lui permettre d'apparaître dans des localités où elle fera progresser l'agriculture; n'est-ce pas enlever dans l'avenir à la culture de la vigne, dans plusieurs départemens, les terres à blé auxquelles on l'a imprudemment imposée et qui y sont les moins propres. — N'est-ce pas enfin accroître la richesse sociale, et, par suite augmenter pour l'agriculture du midi les débouchés les plus importans et les plus assurés.

Vous le voyez donc bien, messieurs, nous avions raison de le dire, l'industrie du sucre indigène qui fait la fortune de l'agriculture du Nord, que le législateur doit s'efforcer d'appeler à améliorer l'agriculture du centre, l'industrie du sucre indigène, disons-nous, n'a rien de redoutable pour l'agriculture du Midi.

Tels sont, messieurs, les faits que nous avions à vous présenter, faits qui vous démontreront que les assertions de nos adversaires, leurs accusations, sont en tout point contraires à la vérité.

La culture de la betterave et la fabrication du sucre sont nées chez nous, ont grandi et se sont développées à l'ombre de la protection.

Elles ont amélioré la culture de nos terres dont elles ont doublé la valeur; elles ont donné à nos ouvriers agricoles du travail en hiver comme en été, et doublé le taux de leurs salaires.

Loin de se substituer aux céréales, la betterave en a accru la production, comme elle a augmenté, dans nos fermes, la production de la viande.

Ni les pommes-de-terre, ni les graines oléagineuses n'ont eu à souffrir de la présence de la nouvelle venue.

En un mot, nous devons à la fabrication du sucre d'avoir, dans le nord, une culture supérieure à la culture anglaise.

Cette supériorité de culture ne tient point à un sol spécial, privilégié, mais à des habitudes acquises, résultant de la protection éclairée que les anciens souverains de la Flandre accordaient à l'agriculture.

Par là, et par là seulement s'explique la concentration première des fabriques de sucre dans le nord.

La protection dont jouit d'abord l'industrie sucrière en fit élever dans 67 départemens.

Dans plusieurs, le combustible n'est pas plus cher que dans le nord, le sol y est aussi propre à la culture de la betterave.

Un peu moins d'empressement à diminuer la protection dont jouissait l'industrie indigène, l'aurait naturalisée dans ces départemens; trop de précipitation à la frapper a ruiné les espérances de ces départemens et concentré de nouveau et de plus en plus les fabriques dans le nord.

Ces départemens ont donc intérêt à ne pas diminuer encore cette protection, pour ne point renoncer à toute chance de voir progresser leur agriculture, par l'importation chez eux de la culture de la betterave.

Quant à l'agriculture du midi, qui se plaint de la protection accordée à l'agriculture du nord, elle jouit d'une protection plus grande encore.

Elle n'est pas seulement protégée contre les produits étrangers, mais même contre les produits coloniaux, alors que ce principe a été admis , que les produits similaires , coloniaux et métropolitains , devaient être traités sur le même pied.

Enfin , l'agriculture du midi serait d'autant plus mal avisée de se plaindre du peu de protection conservée à l'agriculture du nord , que c'est à la prospérité du nord que le midi doit les plus beaux débouchés pour ses produits.

Vous le voyez , Messieurs , loin d'affamer les populations , la sucrerie indigène leur fournit du travail , de la viande et du pain. Elle est protégée , sans doute , mais moins que l'agriculture du midi ; nous ne sommes point des privilégiés comme on nous en accuse , encore moins les Benjamins de la protection. Nous ne demandons que notre place au soleil qui luit sur la France.

Nous n'avons traité aujourd'hui que la partie agricole de la question. Nous nous réservons de vous démontrer que nos adversaires n'ont pas plus raison sur les autres points que sur celui-ci.

Nous attendons votre jugement avec confiance. Vous voudrez plutôt ce que voulait l'Empereur que ce que les étrangers imposaient à la Restauration. Vous n'hésiterez pas , pour nous servir des expressions d'Arthur Yung , si vous avez un précédent à consulter : « Entre le despotisme de la France (de l'ancienne bien entendu) , qui déprimait l'agriculture , et le gouvernement libre des provinces de Bourgogne qui la *chérissait* et la *protégeait.* »

Nous avons l'honneur d'être ,

Messieurs ,

Vos très humbles et très obéissants serviteurs.

POUR LA SOCIÉTÉ :

Le président ,   Le secrétaire général ,
Edouard GRAR.   **A. MARTIN.**

TABLEAU du nombre d'hectares plantés, dans l'arrondissement de Valenciennes, en froment, seigle, orge, avoine, pommes-de-terre et betteraves, *en 1839 et de 1843 à 1849.*

	1839	1843	1844	1845	1846	1847	1848	1849	1839 — 1849
Froment . . .	12,673	12,791	13,497	13,453	13,032	14,958	14,089	14,189	
Seigle. . . .	3,222	3,531	3,075	3,583	3,993	2,974	3,092	3,047	
Orge	2,516	2,214	2,928	3,302	2,851	2,372	2,345	2,992	
Avoine. . . .	5,397	6,923	3,127	2,957	5,987	5,695	5,508	5,012	
	23,808	25,456	22,627	22,985	25,863	25,996	24,997	24,510	En plus 702
Moyenne des cinq dernières années…					24,870				
Pommes-de-terre.	1,675	1,947	1,849	1,977	1,868	2,262	1,892	1,710	En plus 1,516
Moyenne des cinq dernières années…						1,945			
Betteraves ……	2,680(*)	2,989	3,056	3,756	3,500	4,514	3,776	5,272	En plus 35
Moyenne des cinq dernières années…						4,164			

CÉRÉALES.
1849 24,510
1839 23,808
——
En plus 702

FROMENT.
1849 14,189
1839 12,673
——
En plus 1,516

POMMES-DE-TERRE
1849 1,710
1839 1,675
——
En plus 35

BETTERAVE.
1849 5,272
1839 2,680
——
En plus 2,592

(*) La statistique du gouvernement donne 4,503 hectares, mais c'est une erreur évidente; on a fait 107,235,000 kilog. de betterave qui, à raison de 50,000 kilog. en moyenne à l'hectare (estimation de l'administration); donne 2,680 hectares.

TABLEAU DE LA PRODUCTION

du département du Nord,

en toute espèce de Grains, de 1815 à 1849.

Années.	Nombre d'hect. ensemencés en toute esp. de grains.	Quantités récoltées. l'hectol.	Déficit. hectol.	Excédant. hectol.	Nombre d'hect. ensemencés en froment	Population.
de 1794 à 1804	»	»	»	»	92,460	»
1815	198,996	4,147,314	»	»	94,256	888,068
1816	»	3,363,262	»	»	»	»
1826	»	5,083,292	»	»	»	962,648
1828	223,688	5,278,781	512,838	»	110,065	970,276
1829	225,737	5,377,506	440,160	»	108,164	976,779
1830	225,041	5,146,171	435,263	»	106,965	979,152
1831	226,815	5,461,209	122,667	»	112,462	989,928
1832	227,316	6,374,041	»	673,531	113,328	994,602
1833	228,863	5,521,549	183,787	»	115,758	986,147
1834	231,853	5,524,339	327,305	»	146,316	991,373
1835	228,764	5,975,620	»	129,127	115,452	998,391
1836	230,073	5,693,953	153,745	»	115,167	1,026,417
1837	231,076	5,719,863	218,805	»	116,467	1,035,838
1838	236,053	6,168,464	216,024	»	112,070	1,042,383
1839	238,328	5,860,240	195,429	»	111,949	1,050,066
1840	240,645	6,791,094	»	640,872	112,905	1,058,743
1841	235,492	5,952,110	188,862	»	111,126	1,085,298
1842	236,752	5,817,189	135,509	»	113,057	1,092,137
1843	241,605	6,241,729	107,132	»	118,233	1,099,292
1844	232,428	6,533,646	»	436,024	117,106	1,107,600
1845	240,679	6,061,617	64,968	»	113,519	1,116,268
1846	236,800	5,272,072	844,868	»	117,946	1,132,980
1847	240,744	6,815,300	»	560,469	121,024	1,138,550
1848	240,925	6,117,791	172,516	»	118,243	1,143,374
1849	239,900	6,827,898	479,847	»	120,186	1,147,652
Moyenne de 1828 à 1832	225,719	5,525,541	167,479	»	110,197	982,151
Moyenne de 1845 à 1849	239,809	6,218,975	200,406	»	118,183	1,136,944
Différ. en plus.	14,090	693,434	32,927	»	7,980	154,793
en moins.	»	»	»		»	»

Imp. et lith. de B. Henry, à Valenciennes.